门头沟区
气象灾害防御手册

Mentougou Qu Qixiang Zaihai Fangyu Shouce

门头沟区气象局　编

气象出版社
China Meteorological Press

图书在版编目(CIP)数据

门头沟区气象灾害防御手册/门头沟区气象局编. —北京：气象出版社，2013.10
ISBN 978-7-5029-5819-0

Ⅰ.①门… Ⅱ.①门… Ⅲ.①气象灾害-灾害防治-门头沟区-技术手册 Ⅳ.①P429-62

中国版本图书馆CIP数据核字(2013)第239407号

Mentougou Qu Qixiang Zaihai Fangyu Shouce
门头沟区气象灾害防御手册
门头沟区气象局　编

出版发行：	气象出版社			
地　　址：	北京市海淀区中关村南大街46号		邮政编码：	100081
总 编 室：	010-68407112		发 行 部：	010-68409198
网　　址：	http://www.qxcbs.com		E-m a i l：	qxcbs@cma.gov.cn
责任编辑：	黄菱芳		终　　审：	章澄昌
封面设计：	符　赋		责任技编：	吴庭芳
责任校对：	时　人			
印　　刷：	中国电影出版社印刷厂			
开　　本：	889 mm×1194 mm　1/32		印　张：	2
字　　数：	50千字			
版　　次：	2013年11月第1版		印　次：	2015年11月第2次印刷
定　　价：	8.00元			

本书如存在文字不清、漏印以及缺页、倒页、脱页等，请与本社发行部联系调换。

编委会

主　　编：房志玲
执行主编：杨袁慧
编　　委：贾　良　王林鹏　张殿芳
　　　　　石炳茹　卢俊义　刘龙改
　　　　　付　磊　李德勇

前　言

天气连着千家万户,气候系着各行各业,气象与人们的衣食住行、生产生活密切关联。随着全球气候变化加剧和经济社会快速发展,气象灾害防御的形势愈加严峻,防灾减灾任务更加艰巨。

门头沟区地处华北平原向蒙古高原的过渡地带,地势西北高,东南低,全区以山地为主,境内总面积的98.5%为山地,平原面积仅占1.5%左右。复杂的地形、地貌和地质结构下,区内各地气候存在很大的差异。门头沟区属中纬度大陆性季风气候:春季干旱多风,夏季炎热多雨,秋季凉爽湿润,冬季寒冷干燥。影响门头沟区的气象灾害和高影响天气主要是暴雨、暴雪、道路结冰、高温、雷电、雾、霾、寒潮、持续低温和霜冻等。

随着全区经济的发展和人民生活水平的提高,人们的思想意识逐步提高,对气象服务的需求日益增长。为了减少或避免全区因气象灾害造成的人员伤亡和财产损失,做好全区气象灾害防御工作,促进全区经济社会又好又快发展,我们编写《门头沟区气象灾害防御手册》并免费向公众发放。

《门头沟区气象灾害防御手册》是一本宣传普及气象科学知识和灾害防御知识的读本。本书以科普的形式,采用简洁、易懂、图文并茂的方式,向社会及公众介绍气象科学基础知识,宣传气象灾害的预警信号、防御避险应急知识和社会生产应对气象灾害的措施等,有利于增强公众的防灾安全意识,提高公众防御气象灾害及其次生、衍生灾害的能力,充分体现气象工作"以人为本、无微不至、无所不在"的服务理念。

因此,加强气象灾害防灾减灾知识的普及和宣传,让社会及公众了解气象灾害及其防御措施,对减轻自然灾害给社会和公众带来的影响和损失,具有十分积极的作用。

编者

2013 年 9 月

目 录

前　言

一　预警知识篇　　1

1. 什么是气象灾害　　2
2. 气象灾害预警信号的发布　　2
3. 气象灾害预警信号的识别和使用　　2
4. 气象灾害预警信号的获得　　3

二　灾前防——未雨绸缪篇　　5

1. 增强防灾心理素质　　6
2. 准备好防灾物品　　6
3. 重视防灾日常演习　　6
4. 积极购买有关保险　　7
5. 熟悉报警电话打法　　7
6. 学习求救信号发出方法　　7

三　灾中抗——应急避险篇　　9

1. 暴雨　　10
2. 暴雪　　11
3. 寒潮　　12

4. 大风	13
5. 沙尘暴	14
6. 高温	15
7. 雷电	17
8. 雾和霾	19
9. 冰雹	21
10. 道路结冰	22
11. 城市雨涝	23
12. 火灾	24
13. 大气污染	25
14. 山区旅游避险须知	27

四 灾后救——伤害急救篇 29

1. 中暑怎么急救	30
2. 雷击烧伤怎么急救	30
3. 雷击"假死"怎么急救	30
4. 溺水怎么急救	31
5. 建筑物倒塌引起的窒息怎么急救	32
6. 煤气中毒怎么急救	32
7. 骨折怎么急救	33
8. 外伤出血怎么处理	33
9. 冻伤怎么处理	34
10. 灾后防疫工作怎么开展	34

附录　气象灾害预警信号名称、图标及标准　35

一、预警知识篇

为了防御和减轻气象灾害,保护国家和人民生命财产安全,人们有必要了解一些常见的气象灾害,以及气象灾害预警信号的种类、级别和获取方式。

1. 什么是气象灾害

气象灾害是指大气运动和演变对人类生命财产和国民经济以及国防建设等造成的直接或间接损害，如台风、暴雨、暴雪、冰雹、大风、雷电、高温等。

在各类自然灾害中，气象灾害占70%以上，我国每年重大气象灾害影响的人口约达4亿人次，造成的经济损失约占国内生产总值的1%～3%。

2. 气象灾害预警信号的发布

根据《中华人民共和国气象法》，2007年6月12日中国气象局发布第16号令《突发气象灾害预警信号发布与传播方法》，规定发布预警信号的气象灾害分为台风、暴雨、暴雪、寒潮、大风、沙尘暴、高温、干旱、雷电、冰雹、霜冻、大雾、霾、道路结冰14类。根据不同的灾害特征、预警能力等，确定不同灾种的预警分级及标准。当同时出现或预报可能出现多种气象灾害时，可按照相对应的标准，同时发布多种预警信号。

3. 气象灾害预警信号的识别和使用

预警信号按照气象灾害可能造成的危害程度、紧急程度和发展态势一般分为四级，依次用蓝色、黄色、橙色和红色分别表示将有一般、较重、严重和特别严重的气象灾害事件发生,并以中英文加以标识。

(1)Ⅳ级(蓝色)

预计将要发生一般(Ⅳ级)以上突发气象灾害事件,事件即将临近,事态可能会扩大。当出现这类预警信号时,开始做防灾准备。

(2)Ⅲ级(黄色)

预计将要发生较重(Ⅲ级)以上突发气象灾害事件,事件已经临近,事态有扩大的趋势。当出现这类预警信号时,积极落实防灾措施。

(3)Ⅱ级(橙色)

预计将要发生严重(Ⅱ级)以上突发气象灾害事件,事件即将发生,事态正在逐步扩大。当出现这类预警信号时,认真做好应急抢险预案启动准备。

(4)Ⅰ级(红色)

预计将要发生特别严重(Ⅰ级)以上突发气象灾害事件,事件会随时发生,事态正在不断蔓延。当出现这类预警信号时,随时准备启动应急抢险预案。

4. 气象灾害预警信号的获得

(1)拨打电话"12121""96221221"或向区气象局咨询(69804765),或通过电视、广播、报纸、互联网、手机短信等手段获得预警信息。

(2)查看预警信号电子显示装置,如警示牌、警示旗、警示灯等。

(3)登陆气象网站,如 www.cma.gov.cn、www.weather.com.cn 等专业气象网站。

二、灾前防——未雨绸缪篇

灾前防是指根据气象灾害的前兆,气象部门作出气象灾害的预报预警,相关部门有针对性地制定防灾对策,落实防灾措施。灾前防还包括增强人们防灾意识和软、硬件工程建设的长期性工作。

1. 增强防灾心理素质

（1）面对灾害，不必过于紧张、惊恐、恐惧，要镇静。

（2）尽量放松自己，要避免所有的行为活动和话题都围绕灾害。

（3）不要对自己、家庭和外来救助失去信心。

（4）注意个人行为、言语的社会效应。

2. 准备好防灾物品

建议家庭必备下列防灾物品：洁净的水、食品、常用药物、雨伞、手电筒、御寒用品和其他生活必需品、手机、绳索、适量现金。如有婴幼儿还需准备奶粉、奶瓶、尿布等婴儿用品。如有老人，要为老人准备拐杖、特需药品等。灾前还要选好避灾的安全场所。

3. 重视防灾日常演习

（1）组织公众学习自救和互救知识。

（2）指导公众通过正规渠道获取预警信息，不可相信谣传。

（3）指导公众注意观察周围环境的变化，及时报告发现的异常现象。

（4）指导公众不要忘记及时切断可能导致次生灾害的电、煤气、水等灾源。

（5）与相关部门配合，制定气象灾害应急避险预案，组织防灾演习。

4. 积极购买有关保险

积极参加防灾保险，比如人身意外伤害保险，家庭财产保险，车辆、船只保险等，以减少经济损失。

5. 熟悉报警电话打法

遇到气象灾害危及生命安全，或遇到其他紧急情况，可拨打"110""119"或"120"求救。

需要注意的是，这几个报警电话，只有遇到紧急情况时才可拨打，切记平时不要随意拨打。

6. 学习求救信号发出方法

在没有电话或其他通讯设备的情况下，可以利用下面的方法及时发出易被察觉的求救信号，特别是在外出旅游时。

（1）光信号：白天用镜子借助阳光，向求救方向，如空中的救援飞机反射间断的光信号；夜晚用手电筒，向求救方向不间断地发射求救信号。

（2）声响信号：采取大声喊叫、吹响哨子或猛击脸盆等方法，向周围发出声响求救信号。

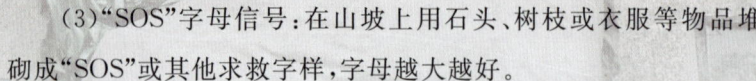

（3）"SOS"字母信号：在山坡上用石头、树枝或衣服等物品堆砌成"SOS"或其他求救字样，字母越大越好。

（4）烟火信号：在白天，可燃烧潮湿的植物，形成浓烟。在夜间，燃烧干柴，发出火焰求救信号。

（5）颜色信号：穿颜色鲜艳的衣服，戴一顶颜色鲜艳的帽子；或者摇动色彩鲜艳的物品，如彩旗、用色彩鲜艳的布包裹的棒子等，向周围发出求救信号。

三、灾中抗——应急避险篇

灾中抗，是指在灾害发生时，根据抗灾决策和措施，及时采取抗灾行动。本篇给出的是公众在气象灾害发生期间可采取的应急避险措施。

1. 暴雨

知识窗

我国气象部门规定，24小时降水量达到或超过 50 毫米的降雨叫暴雨。

避险要点

(1) 如果居民处于危旧房屋，或地势低洼的住宅，应及时转移到安全地方。

(2) 关闭煤气阀和电源总开关。

(3) 把家中贵重物品放到楼上或置于高处。

(4) 暂停户外活动，户外人员立即到安全地方暂避。

(5) 全区幼儿园、学校应采取暂避措施，必要时建议停课。

特别提示

(1) 密切注意夜间的暴雨，提防危旧房屋倒塌伤人。

(2) 开车时切记不要走不熟悉的积水路面。

(3) 不要在下大雨时骑自行车，过马路要小心，留心积水深浅。

(4) 雨天时汽车在低洼处抛锚，千万不要在车上等候，应立即离开车辆，到高处等待救援。

2. 暴雪

知识窗

我国气象部门规定,24小时降雪量(融化成水)达到或超过10毫米的降雪叫暴雪。

避险要点

(1) 注意防寒保暖。

(2) 行人穿软底或防滑鞋,骑车外出可适当给车胎放些气。

(3) 关好门窗,固紧室外搭建物。

(4) 如处危旧房屋,遇暴雪时,应迅速撤出。

特别提示

(1) 老、弱、病、幼人群不要外出。

(2) 在户外,要远离广告牌、临时搭建物和老树。

(3) 提防煤气中毒,采用煤炉取暖的家庭更要注意。

3. 寒潮

知识窗

寒潮又称寒流,是指来自高纬度地区的寒冷空气,在特定的天气形势下迅速加强并向中低纬度地区侵入,造成沿途地区剧烈降温、大风和雨雪天气的过程。

避险要点

(1)外出要采取防寒保暖措施,特别要注意手、脸的保暖。
(2)关好门窗,固紧室外搭建物。
(3)外出当心路滑跌倒。

特别提示

(1)老、弱、病、幼人群尽量不要外出。
(2)提防煤气中毒,采用煤炉取暖的家庭更要提防。

4. 大风

知识窗

大风是指空气快速流动的现象。气象上一般将风速达到或超过17.2米/秒(风力达到或超过8级)的风称为大风。

避险要点

(1)关好门窗,室外搭建物要固紧。

(2)如处于危房,应立即搬出。

(3)全区幼儿园、学校应采取暂避措施,必要时建议停课。

(4)如在户外,不要站在高楼、大树、广告牌下。

(5)暂停户外活动或室内大型集会。

特别提示

(1)老、弱、病、幼切勿在大风天气外出。

(2)停放车辆要远离大树、广告牌等。

5. 沙尘暴

知识窗

沙尘暴是指强风将地面大量尘沙吹到空中,使空气浑浊,水平能见度小于1千米的天气现象。

避险要点

(1)关紧门窗,可用胶条对窗缝进行封闭。妥善安置易受沙尘暴影响的室外物品。

(2)如处于危旧房屋,应马上转移避险。

(3)全区幼儿园、学校应采取暂避措施,必要时建议停课。

(4)露天集体活动或室内大型集会应及时停止,并做好人员疏散工作。

(5)在户外,要远离树木和高耸建筑物,蹲靠在能避风沙的矮墙处。

(6)必须在室外活动的话,最好穿戴防尘的衣服、口罩、护目镜等物品。回到房间后应及时清洗面部。

特别提示

(1)尽可能待在室内。

(2)如果必须外出,尽量避免骑自行车。

6. 高温

知识窗

高温是指日最高气温达到或超过35℃以上的天气现象。

避险要点

(1)白天尽量避免或减少户外活动,尤其是10:00—16:00不要在烈日下外出运动。

(2)暂停户外或室内大型集会。

(3)若外出,应采取防护措施,如打遮阳伞,穿浅色衣,不要长时间在太阳下暴晒。

(4)不宜在阳台、树下或露天处睡觉,适当晚睡早起,中午宜午睡。

(5)要留神蚊、虫叮咬,避免器械碰、割伤,开水、滚油烫伤等,因为高温天气下伤口极易感染。

(6)要特别注意防火。

特别提示

(1)浑身大汗时,不宜立即用冷水洗澡,应先擦干汗水,稍事休息后再用温水洗澡。

(2)电扇不能直接对着头部或身体其他部位长时间吹。

(3)空调温度不宜过低。

特殊人群怎样安全度夏

对于特殊人群,在采取一般高温预防措施的同时,还应该特别注意以下事项。

对老弱病人

(1)经常做健康检查,如遇不适要及时就医。

(2)最好不外出;如外出,一定要有家人陪同。

(3)宜多静坐,戒躁戒怒。

(4)不要过分纳凉,但居室要通风。

对露天高温作业者

(1)合理安排作息时间,尽量避开中午高温时间作业。

(2)工作场所要准备必要的饮料和防暑药品。

(3)如感不适,应迅速结束劳动,转移到阴凉处休息。

7. 雷电

知识窗

雷电是发生于积雨云云内、云与云、云与地、云与空气之间的击穿放电现象,常伴有强烈的闪光和隆隆的雷声。

室外避雷要点

(1)应迅速躲入有防雷设施保护的建筑物内,或者很深的山洞里面。汽车内是躲避雷击的理想地方。

(2)应远离树木、电线杆、烟囱等尖耸、孤立的物体。不宜进入孤立的棚屋、岗亭等建筑物。一定要远离输电线。

(3)若无合适的避雷场所,可找一块地势低的地方,蹲下,双脚并拢,手放膝上,身向前屈。

(4)在空旷场地不宜打伞,不宜把金属工具等物品扛在肩上。

(5)切勿游泳或从事其他水上作业,尽快离开水面及其他空旷场地。

(6)不宜开摩托车、骑自行车赶路,打雷时切忌狂奔。

室内避雷要点

(1)一定要关好门窗,尽量远离门窗、阳台和外墙壁。

(2)不要靠近,更不要触摸室内的任何金属管线,包括水管、暖气管、煤气管等。

(3)在房间里最好不要使用任何家用电器,建议拔下所有电源插头。

(4)雷雨天气时不要使用太阳能热水器洗澡。

(5)发生雷击火灾时,要迅速切断电源,不要在未断电时泼水救火,要使用干粉灭火器等专用灭火器灭火,并迅速拨打"119"或"110"电话报警。

特别提示

(1)要远离可能遭雷击的场所,如空旷场地、高处、孤立的物体等。

(2)避免使自己及随身携带的物品成为引雷的对象,如不携带或手举含金属的物体;不打手机。

(3)打雷时,大家不要集中在一起,或者牵手靠在一起。

8. 雾和霾

知识窗

雾是悬浮在贴近地面大气中的微小水滴或冰晶,使水平能见度降到1千米以下的天气现象。

霾是大量极细微的干性颗粒物等均匀地浮游在空中,使水平能见度降到10千米以下的天气现象。

雾和霾都能使空气质量下降,且均对人体健康有害。

避险要点

(1)外出时,要适当防护,如戴上口罩。

(2)不参加室外活动或露天集会,特别是不要晨练。

(3)穿越马路要当心,要看清来往车辆。

(4)骑车、开车要减速慢行,听从交通警察指挥。

特别提示

(1)有呼吸道疾病和心肺疾病的人不要外出。

(2)出现雾、霾天气,早晨不宜开窗通风,中午可短时间开窗换气。

雾天驾车要点

(1)控制车速,切忌开快车。

(2)打开前、后雾灯;如果没有雾灯,可开近光灯,别开远光灯。

(3)勤按喇叭,警告行人和其他车辆。

(4)紧盯大车,勿忘方向。

(5)宁走中间,不沿路边。

(6)及时除雾,切忌边走边擦。

(7)在雾中停车,应紧靠路边停放,最好驶到道路以外,打开雾灯及危险报警闪光灯,千万不要坐在车上。

9. 冰雹

知识窗

冰雹是从强烈发展的积雨云中降落到地面的固体降水物,小如豆粒,大若鸡蛋、拳头,直径一般在5毫米以上。

避险要点

(1)关好门窗,妥善安置好易受冰雹、大风影响的室外物品。

(2)切勿随意外出,确保老人、小孩留在家中。

(3)全区幼儿园、学校的学生应待在教室内,暂停户外活动。

(4)如在户外,不要在高楼屋檐下,烟囱、电线杆或大树底下躲避冰雹。

特别提示

在做好防雹准备的同时,还要做好防雷电的准备。

10. 道路结冰

知识窗

道路结冰是指降水(雨、雪、冻雨或雾滴)落到温度低于 0℃ 的地面而出现的积雪或结冰现象。

避险要点

(1)司机应注意路况,采取防滑措施,小心驾驶。

(2)行人出门要穿软底或防滑鞋,当心路滑跌倒。

(3)要注意防寒保暖,老、弱、病、幼人群尽量不要外出。

特别提示

机动车要减速慢行,不要猛刹车或急拐弯,一定要服从交通警察的指挥疏导。

11. 城市雨涝

知识窗

每逢雨季,城市里或多或少会发生一些内涝现象。究其原因,主要是由于降雨量大而急,而且城市硬化路面越来越多,使雨水无法下渗,或渗透很慢。另外,如果城市排水设施不够完善,或运转不正常,导致排水不畅,也是原因之一。城市内涝现象,会给人们带来不便。

避险要点

(1)关闭电源、煤气,尽快撤到楼顶避险。

(2)搜集木盆、木板、大件泡沫塑料等适合漂浮的材料,随身携带通信工具。

(3)充分利用准备好的救生器材逃生。

(4)被洪水包围时,尽快与当地政府防汛部门取得联系,积极寻求救援。

(5)不可攀爬带电的电线杆、铁塔,也不要爬到泥坯房的屋顶。

特别提示

(1)将贵重物品存放在高处。

(2)紧急情况时,千万不要贪恋财物,应该迅速撤离危房。

(3)洪水过后,做好卫生防疫工作,预防传染病的发生。

12. 火灾

知识窗

当着火失去控制而造成财产损失和人员伤亡等灾难性事件时,就称为火灾。除了人为原因引起的火灾外,还有雷击起火、自燃起火等。

避险要点

(1)要熟悉与火灾有关的安全标志。

(2)在雷电、大风等灾害性天气发生时,要及时关闭电源、煤气等容易引起火灾的引火之源。

(3)发现火情,及时拨打"119"火警电话。

特别提示

(1)判明火情,正确选择逃生路线,迅速脱离火场。

(2)不可贪恋财物而在室内滞留。

(3)要用湿毛巾捂严口鼻,匍匐前行。

(4)不可乘电梯,不可盲目跳楼,不宜乱躲。

(5)在公共场所,不要乱挤乱跑,要有秩序地撤离。

13. 大气污染

知识窗

大气污染是指由于自然因素和人为因素，特别是人为因素（如工业生产、汽车尾气、居民生活取暖、垃圾焚烧等），使得大气中有害气体及颗粒物等污染物质的浓度达到有害程度，从而影响人们的生活、工作，危害人体健康，直接或间接地损害设备、建筑物等的现象。人口稠密的城市和工业区域，应该特别注意控制大气污染。

避险要点

根据环境空气质量标准和各项污染物对人体健康和生态的影响来确定空气质量等级。北京市已实施环境保护部2012年发布的《环境空气质量指数（AQI）技术规定（试行）》，具体内容见下表。

空气质量指数及相关信息

空气质量指数	空气质量指数级别	空气质量指数类别及表示颜色		对健康影响情况	建议采取的措施
0～50	一级	优	绿色	空气质量令人满意，基本无空气污染	各类人群可正常活动
51～100	二级	良	黄色	空气质量可接受，但某些污染物可能对极少数异常敏感人群健康有较弱影响	极少数异常敏感人群应减少户外活动

二 灾中抗——应急避险篇

续表

空气质量指数	空气质量指数级别	空气质量指数类别及表示颜色		对健康影响情况	建议采取的措施
101~150	三级	轻度污染	橙色	易感人群症状有轻度加剧,健康人群出现刺激症状	儿童、老年人及心脏病、呼吸系统疾病患者应减少长时间、高强度的户外锻炼
151~200	四级	中度污染	红色	进一步加剧易感人群症状,可能对健康人群心脏、呼吸系统有影响	儿童、老年人及心脏病、呼吸系统疾病患者避免长时间、高强度的户外锻炼,一般人群适量减少户外运动
201~300	五级	重度污染	紫色	心脏病和肺病患者症状显著加剧,运动耐受力降低,健康人群普遍出现症状	儿童、老年人和心脏病、肺病患者应停留在室内,停止户外运动,一般人群减少户外运动
>300	六级	严重污染	褐红色	健康人群运动耐受力降低,有明显强烈症状,提前出现某些疾病	儿童、老年人和病人应当留在室内,避免体力消耗,一般人群应避免户外活动

特别提示

(1)建议人们减少户外活动,外出时最好戴上口罩。

(2)提倡绿色出行,如多走路,多骑自行车,少开车。

(3)科学地选择开窗时间。

14. 山区旅游避险须知

夏季,人们往往喜欢到名山大川旅游度假,门头沟区每年都会接待很多外地和当地的游客。由于这个季节多雷电、暴雨等恶劣天气,易引发山洪、滑坡、崩塌、泥石流等次生灾害,须加强提防。

避险要点

(1)在山洪、泥石流多发季节(比如夏季),尽量不要组织安排到山洪、泥石流多发山区旅游。

(2)如果安排的话,最好聘请一位熟悉山区的当地人当向导。本地居民可以给外来游客提供热情友好的帮助,灾害发生时,积极帮助游客做好应急措施。

(3)野外露营时,应选择平整的高地作为营址,不要在有滚石和大量堆积物的山坡下或山谷、山沟底露营。

(4)在山谷、山沟内活动时,一旦遭遇大雨、暴雨,要迅速转移到安全的高地,不要在低洼的谷底或陡峭的山坡下躲避、停留。

特别提示

（1）不要轻易涉水过河。千万不要在山洪或泥石流中横渡，也不能向下游奔走逃生，应向山洪或泥石流来向的两侧山坡跑。

（2）在山洪或泥石流发生前已经撤出危险区的人，暴雨停止后不要急于返回沟内住地收拾物品，应等待一段时间。

四、灾后救——伤害急救篇

灾后救是指气象灾害发生以后相关部门迅速开展灾情调查评估、筹款筹物救济灾区、恢复生产重建家园等工作。本节给出的是气象灾害发生以后（包括灾害期间），对由灾害给人体造成的伤害进行现场抢救的要领。

1. 中暑怎么急救

(1)立即将中暑者抬到阴凉处,敞开衣服,冷敷头部或冷水擦澡。
(2)喝些淡盐水或清凉饮料,可服用仁丹或十滴水。
(3)对于呼吸困难者,及时对其进行人工呼吸,并立即送医院。

2. 雷击烧伤怎么急救

(1)如果遭受雷击者身上着火,可往伤者身上泼水,或者用厚外衣、毯子把伤者裹住,以扑灭火焰。
(2)如遭受雷击者呼吸、心跳骤停,先做心肺复苏抢救生命,再处理烧伤创面。
(3)用冷水冷却伤处,然后盖上敷料,再用干净布块包扎。
(4)及时转送当地医院。

3. 雷击"假死"怎么急救

被雷击中的受伤者,常常会发生心脏突然停跳、呼吸突然停止的现象,这实际上是一种雷击"假死"现象。此时,要立即组织现场急救,让受伤者平躺在地面上,对其进行人工呼吸,同时要做胸外心脏按压,并立即呼叫急救中心,由专业人员对受伤者进行有效的处置和急救。常用的急救方法是口对口(鼻)人工呼吸法、胸外心脏按压法。

心肺复苏注意事项：

(1)清除受伤者口内异物(包括假牙)，保持气管通畅。

(2)采用胸外心脏按压法时用力要合适，切勿过猛。

(3)胸外心脏按压法与人工呼吸应交替进行，即每做30次心脏按压后，就连续吹气两次，如此反复交替进行。

4. 溺水怎么急救

溺水自救：被洪水卷入后，应保持镇定，尽快寻找、抓住一件漂浮物，以助漂浮。

溺水救助：

(1)抢救人员如不会游泳，不可强行下水救人，可用救生圈、竹竿等在岸上援助落水者。

(2)如溺水者已无呼吸，即使在水中也要进行口对口人工呼吸，尽量使溺水者的口鼻露出水面。

(3)将溺水者抬出水面后，将其平放在地面上，应立即清除其口、鼻腔内的水、泥及污物，解开衣扣、领口，保持其呼吸道畅通。

(4)抱起溺水者的腰腹部，使其脚朝上、头下垂进行倒水。

(5)如溺水者呼吸停止，应立即对其进行人工呼吸。如心跳停止，应先对其进行胸外心脏按压。

(6)给溺水者保温，如溺水者清醒，可给予热的饮料。

(7)尽快拨打"120"急救电话，将溺水者送医院治疗。

5. 建筑物倒塌引起的窒息怎么急救

(1)立即清除口、鼻、咽喉内的泥土及痰、血等。

(2)对昏迷的伤者,应将其放平,使其头后仰,将舌头牵出,尽量保持呼吸道的畅通,或进行人工呼吸。

(3)如有外伤,应合理采取止血、包扎、固定等处置措施。

(4)在上述处理后马上转送急救站或附近医院。

6. 煤气中毒怎么急救

(1)尽快让中毒者离开中毒环境,并立即打开门窗,促进空气流通。

(2)中毒者应安静休息,避免活动后加重心、肺负担及增加氧的消耗量。同时要注意保暖,不能受冻。

(3)对有自主呼吸的中毒者,应给予氧气吸入。

(4)对昏迷不醒的严重中毒者,及时通知急救中心,同时进行人工呼吸。

(5)争取尽早对中毒者进行高压氧舱治疗,以减少后遗症。

特别提示

(1)在炉边放盆清水并不能预防煤气中毒,一定要安装风斗,检查烟道是否畅通。

(2)煤气中毒者苏醒后,必须经医院的系统检查治疗后方可出院,重度中毒者需一两年才能完全治愈。

7. 骨折怎么急救

对骨折伤者,不要任意挪动,应避免过多搬动伤者,一切动作要轻。

(1)若伤者心跳、呼吸停止,应立即就地实施心肺复苏术,并注意伤者的保暖。

(2)如有出血现象,应进行包扎止血。

(3)迅速使用夹板固定患处。固定材料可就地取材,木棍、木板等都适于做夹板之用。

(4)骨折伤者须经妥善固定后再送往医院,运送途中应有医护人员密切观察和陪同。特别要注意脊柱骨折时的搬运方式和姿势。

8. 外伤出血怎么处理

(1)紧急情况下可先用指压止血法,即在伤口上方的近心端,找到跳动的血管,用手指紧紧压住。与此同时,应准备材料换用其他止血方法。

(2)采用加压包扎止血法,即用消毒的纱布、棉花做成软垫放在伤口上,再用力加以包扎。

(3)如果出血不止,在出血很多的情况下,应采取指压动脉止血法,并赶快找医生或立即送往医院。

9. 冻伤怎么处理

（1）迅速让伤者离开低温现场和冰冻物体，将其移至室内。

（2）如果衣服与人体冻在一起，应用温水融化冻冰后再脱去衣服。

（3）保持冻伤部位清洁。

（4）加盖衣物、毛毯以保温。

（5）尽快把伤者送到医院。

> **特别提示**
>
> 冻伤部位千万不要用热水泡或用火烤。

10. 灾后防疫工作怎么开展

（1）注意饮食卫生，喝开水、吃熟食。

（2）及时清理灾后垃圾。

（3）配合有关部门做好环境消毒和灭蝇、灭蚊、灭鼠工作。

（4）保持环境卫生，严防疾病发生和流行。

附录　气象灾害预警信号名称、图标及标准

气象灾害预警信号是指各级气象主管机构所属的气象台向社会公众发布的预警信息。北京市气象灾害预警信号分暴雨、暴雪、寒潮、大风、沙尘（暴）、高温、干旱、雷电、冰雹、霜冻、大雾、霾、道路结冰、电线积冰、持续低温、台风等16种。

一、暴雨预警信号

暴雨预警信号分四级,分别以蓝色、黄色、橙色、红色表示。

(一)暴雨蓝色预警信号

标准:预计未来可能出现下列条件之一或实况已达到下列条件之一并可能持续:

(1)1小时降雨量达20毫米以上;

(2)3小时降雨量达30毫米以上;

(3)12小时降雨量达50毫米以上。

(二)暴雨黄色预警信号

标准:预计未来可能出现下列条件之一或实况已达到下列条件之一并可能持续:

(1)1小时降雨量达30毫米以上;

(2)6小时降雨量达50毫米以上。

(三)暴雨橙色预警信号

标准:预计未来可能出现下列条件之一或实况已达到下列条件之一并可能持续：

(1)1小时降雨量达40毫米以上；

(2)3小时降雨量达50毫米以上。

(四)暴雨红色预警信号

标准:预计未来可能出现下列条件之一或实况已达到下列条件之一并可能持续：

(1)1小时降雨量达60毫米以上；

(2)3小时降雨量达100毫米以上。

二、暴雪预警信号

暴雪预警信号分四级,分别以蓝色、黄色、橙色、红色表示。

(一)暴雪蓝色预警信号

标准:12小时降雪量将达4毫米以上,或者已达4毫米且降雪可能持续,对交通及农业可能有影响。

(二)暴雪黄色预警信号

标准:12小时降雪量将达6毫米以上,或者已达6毫米且降雪可能持续。

(三)暴雪橙色预警信号

标准:6小时降雪量将达10毫米以上,或者已达10毫米且降雪可能持续。

(四)暴雪红色预警信号

标准：6小时降雪量将达15毫米以上，或者已达15毫米且降雪可能持续。

三、寒潮预警信号

寒潮预警信号分四级，分别以蓝色、黄色、橙色、红色表示。

（一）寒潮蓝色预警信号

标准：48小时最低气温将要下降8℃以上，最低气温小于或等于4℃，陆地平均风力可达5级以上；或者已经下降8℃以上，最低气温小于或等于4℃，平均风力达5级以上，并可能持续。

（二）寒潮黄色预警信号

标准：24小时最低气温将要下降10℃以上，最低气温小于或等于4℃，陆地平均风力可达6级以上；或者已经下降10℃以上，最低气温小于或等于4℃，平均风力达6级以上，并可能持续。

(三)寒潮橙色预警信号

标准:24小时最低气温将要下降12℃以上,最低气温小于或等于0℃,陆地平均风力可达6级以上;或者已经下降12℃以上,最低气温小于或等于0℃,平均风力达6级以上,并可能持续。

(四)寒潮红色预警信号

标准:24小时最低气温将要下降16℃以上,最低气温小于或等于0℃,陆地平均风力可达6级以上;或者已经下降16℃以上,最低气温小于或等于0℃,平均风力达6级以上,并可能持续。

四、大风预警信号

大风预警信号分四级,分别以蓝色、黄色、橙色、红色表示。

(一)大风蓝色预警信号

标准：24小时可能受大风影响，平均风力可达6级以上，或者阵风7级以上；或者已经受大风影响，平均风力为6～7级，或者阵风7～8级并可能持续。

（二）大风黄色预警信号

标准：12小时可能受大风影响，平均风力可达8级以上，或者阵风9级以上；或者已经受大风影响，平均风力为8～9级，或者阵风9～10级并可能持续。

（三）大风橙色预警信号

标准：6小时可能受大风影响，平均风力可达10级以上，或者阵风11级以上；或者已经受大风影响，平均风力为10～11级，或者阵风11～12级并可能持续。

（四）大风红色预警信号

标准：6小时可能受大风影响，平均风力可达12级以上，或者阵风13级以上；或者已经受大风影响，平均风力为12级以上，或者阵风13级以上并可能持续。

五、沙尘（暴）预警信号

沙尘（暴）预警信号分四级，分别以蓝色、黄色、橙色、红色表示。

（一）沙尘蓝色预警信号

标准：12小时可能出现扬沙或浮尘天气，或者已经出现扬沙或浮尘天气并可能持续。

（二）沙尘暴黄色预警信号

标准：12小时可能出现沙尘暴天气，能见度小于1000米；或者已经出现沙尘暴天气并可能持续。

(三)沙尘暴橙色预警信号

标准:6小时可能出现强沙尘暴天气,能见度小于500米;或者已经出现强沙尘暴天气并可能持续。

(四)沙尘暴红色预警信号

标准:6小时可能出现特强沙尘暴天气,能见度小于50米;或者已经出现特强沙尘暴天气并可能持续。

六、高温预警信号

高温预警信号分四级,分别以蓝色、黄色、橙色、红色表示。

(一)高温蓝色预警信号

标准：单日最高气温将升至37℃以上，或连续两天日最高气温将在35℃以上。

(二)高温黄色预警信号

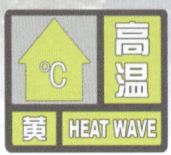

标准：单日最高气温将升至39℃以上，或连续三天日最高气温将在35℃以上。

(三)高温橙色预警信号

标准：单日最高气温将升至40℃以上，或连续两天日最高气温将在37℃以上。

(四)高温红色预警信号

标准：单日最高气温将升至40℃以上，或连续三天日最高气温将在37℃以上。

七、干旱预警信号

干旱预警信号分二级,分别以橙色、红色表示。干旱指标等级划分,以国家标准《气象干旱等级》(GB/T 20481－2006)中的综合气象干旱指数为标准。

(一)干旱橙色预警信号

标准:预计未来一周综合气象干旱指数达到重旱(气象干旱为25～50年一遇),或者某一县(区)有40%以上的农作物受旱。

(二)干旱红色预警信号

标准:预计未来一周综合气象干旱指数达到特旱(气象干旱为50年以上一遇),或者某一县(区)有60%以上的农作物受旱。

八、雷电预警信号

雷电预警信号分四级,分别以蓝色、黄色、橙色、红色表示。

(一)雷电蓝色预警信号

标准:3小时内可能发生雷电活动,有可能出现雷电灾害。

(二)雷电黄色预警信号

标准:3小时内可能发生雷电活动,并伴有6级以上短时大风,或短时强降水,或小冰雹,出现雷电和大风灾害的可能性较大。

(三)雷电橙色预警信号

标准:3小时内可能发生较强雷电活动,并伴有8级以上短时大风,或短时强降水,或冰雹,出现雷电和大风灾害的可能性很大。

(四)雷电红色预警信号

标准:3小时内可能发生强烈雷电活动,并伴有10级以上短时大风,或短时强降水,或冰雹,出现雷电和大风灾害的可能性非常大。

九、冰雹预警信号

冰雹预警信号分三级,分别以黄色、橙色、红色表示。

(一)冰雹黄色预警信号

标准:6小时内可能或已经在部分地区出现分散的冰雹,可能造成一定的损失。

(二)冰雹橙色预警信号

标准：6小时内可能出现冰雹天气,并可能造成雹灾。

(三)冰雹红色预警信号

标准：2小时内出现冰雹可能性极大,并可能造成重雹灾。

十、霜冻预警信号

霜冻预警信号分三级,分别以蓝色、黄色、橙色表示。

(一)霜冻蓝色预警信号

标准：48小时地面最低温度将要下降到0℃以下,对农业将产生影响,或者已经降到0℃以下,对农业已经产生影响,并可能持续。

(二)霜冻黄色预警信号

标准：24小时地面最低温度将要下降到零下3℃以下，对农业将产生严重影响，或者已经降到零下3℃以下，对农业已经产生严重影响，并可能持续。

（三）霜冻橙色预警信号

标准：24小时地面最低温度将要下降到零下5℃以下，对农业将产生严重影响，或者已经降到零下5℃以下，对农业已经产生严重影响，并将持续。

十一、大雾预警信号

大雾预警信号分三级，分别以黄色、橙色、红色表示。

（一）大雾黄色预警信号

标准：12小时可能出现浓雾天气，能见度小于500米；或者已经出现能见度小于500米、大于或等于200米的雾并可能持续。

(二)大雾橙色预警信号

标准：6小时可能出现浓雾天气，能见度小于200米；或者已经出现能见度小于200米、大于或等于50米的雾并可能持续。

(三)大雾红色预警信号

标准：2小时可能出现强浓雾天气，能见度小于50米；或者已经出现能见度小于50米的雾并可能持续。

十二、霾预警信号

霾预警信号分三级，以黄色、橙色和红色表示。

(一)霾黄色预警信号

标准：预计未来24小时内可能出现下列条件之一或实况已达到下列条件之一并可能持续：

（1）能见度小于3000米且相对湿度小于80%的霾；

（2）能见度小于3000米且相对湿度大于或等于80%，$PM_{2.5}$浓度大于115微克/米^{3}且小于或等于150微克/米^3；

（3）能见度小于5000米，$PM_{2.5}$浓度大于150微克/米^{3}且小于或等于250微克/米^3。

（二）霾橙色预警信号

标准：预计未来24小时内可能出现下列条件之一或实况已达到下列条件之一并可能持续：

（1）能见度小于2000米且相对湿度小于80%的霾；

（2）能见度小于2000米且相对湿度大于或等于80%，$PM_{2.5}$浓度大于150微克/米^{3}且小于或等于250微克/米^3；

（3）能见度小于5000米，$PM_{2.5}$浓度大于250微克/米^{3}且小于或等于500微克/米^3。

（三）霾红色预警信号

标准：预计未来24小时内可能出现下列条件之一或实况已达到下列条件之一并可能持续：

(1)能见度小于1000米且相对湿度小于80%的霾；

(2)能见度小于1000米且相对湿度大于或等于80%，$PM_{2.5}$浓度大于250微克/米³且小于或等于500微克/米³；

(3)能见度小于5000米，$PM_{2.5}$浓度大于500微克/米³。

十三、道路结冰预警信号

道路结冰预警信号分三级，分别以黄色、橙色、红色表示。

(一)道路结冰黄色预警信号

标准：当路表温度低于0℃，出现雨雪，24小时内可能出现道路结冰，对交通有影响。

(二)道路结冰橙色预警信号

标准：当路表温度低于0℃，出现冻雨或雨雪，6小时内可能出现道路结冰，对交通有较大影响。

(三)道路结冰红色预警信号

标准:当路表温度低于0℃,出现冻雨或雨雪,2小时内可能出现或者已经出现道路结冰,对交通有很大影响。

十四、电线积冰预警信号

电线积冰预警信号分两级,分别以黄色、橙色表示。

(一)电线积冰黄色预警信号

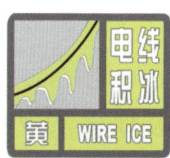

标准:出现降雪、雾凇、雨凇等天气后遇低温出现电线积冰,预计未来24小时仍将持续。

(二)电线积冰橙色预警信号

标准：出现降雪、雾凇、雨凇等天气后遇低温出现严重电线积冰，预计未来24小时仍将持续，可能对电网有影响。

十五、持续低温预警信号

持续低温预警信号分两级，分别以蓝色、黄色表示；在每年11月至第二年3月期间发布。

（一）持续低温蓝色预警信号

标准：预计未来可能出现下列条件之一或实况已达到下列条件之一并可能持续：

（1）连续三天平原地区日最低气温低于零下10℃；

（2）连续三天平原地区日平均气温比常年同期（气候平均值）偏低5℃及以上。

（二）持续低温黄色预警信号

标准：预计未来可能出现下列条件之一或实况已达到下列条件之一并可能持续：

(1)连续三天平原地区日最低气温低于零下12℃；

(2)连续三天平原地区日平均气温比常年同期(气候平均值)偏低7℃及以上。

十六、台风预警信号

台风预警信号分四级,分别以蓝色、黄色、橙色和红色表示。

(一)台风蓝色预警信号

标准:24小时内可能或者已经受热带气旋影响,平均风力达6级以上,或者阵风8级以上并可能持续。

(二)台风黄色预警信号

标准:24小时内可能或者已经受热带气旋影响,平均风力达8级以上,或者阵风10级以上并可能持续。

(三)台风橙色预警信号

标准:12小时内可能或者已经受热带气旋影响,平均风力达10级以上,或者阵风12级以上并可能持续。

(四)台风红色预警信号

标准:6小时内可能或者已经受热带气旋影响,平均风力达12级以上,或者阵风14级以上并可能持续。